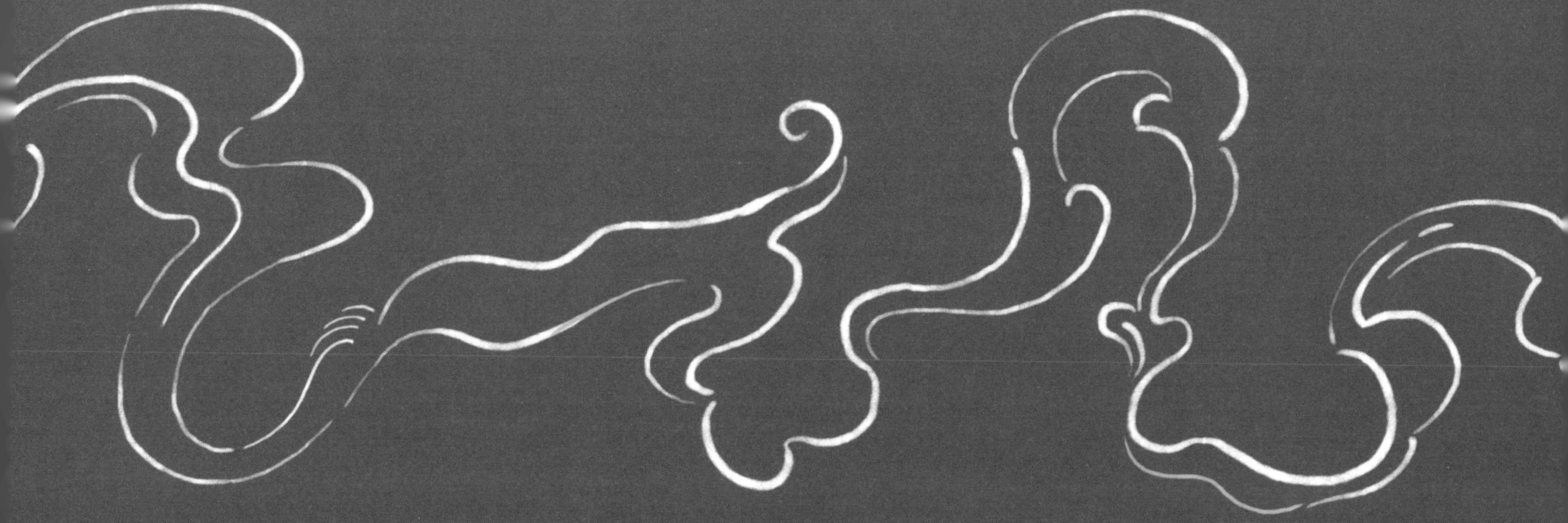

长翅膀的房子

曹林娣 主编

文小通　张翔宇
编著

李冬冬　郭铮
绘

你好园林，
神奇的院子

古吴轩出版社

图书在版编目（CIP）数据

你好园林，神奇的院子. 长翅膀的房子 / 曹林娣主
编；文小通，张翔宇编著；李冬冬，郭铮绘. -- 苏州：
古吴轩出版社，2022.1
ISBN 978-7-5546-1728-1

Ⅰ. ①你… Ⅱ. ①曹… ②文… ③张… ④李… ⑤郭
… Ⅲ. ①古典园林－园林艺术－苏州 Ⅳ.
①TU986.625.33

中国版本图书馆CIP数据核字(2021)第060396号

责任编辑：李爱华

见习编辑：沈欣怡

策　　划：鲍志娇

特约编辑：郭　铮

装帧设计：王左左

书　　名：你好园林，神奇的院子. 长翅膀的房子

主　　编：曹林娣

编 著 者：文小通　张翔宇

绘　　者：李冬冬　郭　铮

出版发行：古吴轩出版社

　　　　　地址：苏州市八达街118号苏州新闻大厦30F　　邮编：215123

　　　　　电话：0512－65233679　　　　　传真：0512－65220750

出 版 人：尹剑峰

印　　刷：天津图文方嘉印刷有限公司

开　　本：889×1194　1 / 16

印　　张：21.75

字　　数：337千字

版　　次：2022年1月第1版　第1次印刷

书　　号：ISBN 978-7-5546-1728-1

定　　价：269.00元（全四册）

如有印装质量问题，请与印刷厂联系。022-59950269

编委会

留园

留园
[清]王季珠

长留天地愿何宏，
园系南州第一工。
石势轩昂才子气，
树容伛偻古稀翁。
玉池荷卸秋风碧，
锦帙书签冷院红。
晋宋名贤遗手迹，
画图早已拓王公。

留园始建于明代，距今已经有四百多年历史了，与苏州拙政园、北京颐和园、承德避暑山庄并称"中国四大名园"。

一开始，这里是太仆寺少卿徐泰时的私人园林，人们称其为"东园"而不是"留园"。徐泰时曾担任工部主事，对建筑颇有研究，退休回乡后他充分发挥自己的特长，分别在苏州城东、城西各建了一座园林，"东园"之名由此而来。

凡建得起园林的，必有过人才能，留园历届主人皆是如此。

因为父亲早亡，徐泰时17岁便承担起家主之责。他少年老成，精明练达，连家族里最难处理的田产纠纷都断得桩桩件件条理分明，深受族人夸赞。他21岁开始考科举，21岁就中了秀才。正当前途一片光明时，年轻的徐泰时却沉迷音乐不能自拔，还在家里搞起了小乐队，整天跟小伙伴儿一起排演乐曲，这在当时可是不务正业。他在音乐上投入太多精力，以致在仕途上停滞不前，越来越多的人在背地里讥笑他。徐泰时听后醍醐灌顶，于是"摒弃声伎"，甚至"引锥自刺"。此后，他又得到万历朝两位首辅大臣张居正和申时行的共同赏识，被推荐为太仆寺少卿。

之后，东园几经易主，其间更换过很多名字，比如寒碧山庄、刘园。清朝时，盛康买下这座旧园，在扩建翻修过程中，工人挖到一块写有"长留天地间"的条石，盛康便用其上的"留"字为他的园林命名，期望这座园林和盛家的声望一齐流传后世。

果然如他所愿，留园里出了一位被称为"中国实业之父""中国商父""中国高等教育之父"的大人物，这就是盛康之子盛宣怀。盛宣怀的影响涉及轮船、电报、铁路、钢铁、银行、纺织、教育诸多领域，开时代先河，惠及后世。

不枉留园之"长留天地间"。

这里是留园

至乐亭

闻木樨香轩

舒啸亭

明瑟楼、涵碧山房

可亭

清风池馆

五峰仙馆

濠濮亭曲廊

曲溪楼

水域

又一村

佳晴喜雨快雪之亭

还我读书斋

大门

冠云楼

冠云峰

冠云亭

小水域

林泉耆硕之馆

西方最美的建筑是"神"住的教堂，中国最美的建筑是人住的宅园，体现了中华的"人本"精神。

中国古建筑是世界原生形态建筑文化之一，是"木头的画卷"。因为在中国哲学中，"木"代表春天、东方，是阳气和生命的象征，最适合人居。

中国园林建筑是中国古建的精华，具有生活和审美双重功能。

园林建筑有法无式，具有礼乐之美、飞动之美、韵律之美和意境之美，审美与实用巧妙结合，凝聚这中华的生存智慧和传统工匠的匠心，是钢筋铁骨的现代建筑不能企及的。

曹林娣

目录

大木作

建筑类型

大木作

你好，我是一块儿小木头，你可以叫我小林妹妹。来，我带你跳上屋顶，藏进砖缝儿，咱们在园林中一探古建筑的真容！

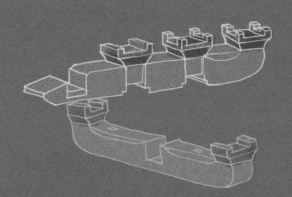

选址

近水楼台先得月
向阳花木易为春
●

古代世界曾经有过七个主要的独立建筑体系，其中中国传统建筑以木结构为主，其他地区虽然也使用"木"作为建筑材料，但却是以砖石为主。

欧洲建筑以石料为主。在欧洲，耗费数百年去建造一座精致至极的大教堂不是稀罕事儿，但中国人无法理解这种行为，因为在我们的观念里 "罕兴力役，无夺农时"——房子是为人服务的，应该把珍贵的劳动力投入可以让人生活得更富裕的劳作中，比如种田。相比石头，木结构更节省人工，建造工期要短得多，还方便批量复制。隋炀帝曾下诏营建东都洛阳。在刘龙和宇文恺主持下，用时仅九个多月，一座宏伟的隋大兴城便在龙首原上拔地而起。如此壮举，令人匪夷所思！它的实现得益于搭积木式的"模块化"建筑方式。现在，中国人仍以这种"模块化"思路创造着一项项世界级工程奇迹，比如高铁桥梁。

几千年来，木结构始终是中国传统建筑的主体，不仅如此，木结构还影响了日本、朝鲜等东亚地区国家。

我们的祖先在长期实践过程中发展起来的这种独特建筑形式使人们在生产力并不发达的农业社会依然能建成恢宏精巧的建筑。同时，人们也在建造的过程中发明出了与建房子有关的名词，并把它们融入生活当中。

史记・十二本纪・夏本纪（节选）

［西汉］司马迁

左准绳，右规矩，

载四时，以开九州。

成语里的建筑工具
——规、矩、准、绳

我们常说的"规矩准绳"其实是四种测量工具，分别对应圆、方、平、直，相传它们由尧舜时代一位叫"垂"的工官发明。

很多成语也出自这些工具，比如"陈规陋习""规圆矩方""推情准理"……都是用测量工具来指代法则和标准。就像"绳之以法"，可不是用绳子把人绑起来送去伏法，而是表示给人定罪必须以法律为依据。

取正

中国有一句俗话"向阳门第春先到",可见，盖房子之前确定位置和方向相当重要。

宅院和房屋最好面向正南，这样你的屋里便可以在一天中的大部分时间里都照到阳光，亮亮堂堂，暖暖和和。面向西盖房子，是"西晒"，冬天寒冷的西北风直往屋里灌，到了夏天又酷热难耐。如果房子面朝北，就像居住在高山的背阴面，冷冰冰的。

确定方向便是"取正"，古人通过景表、望筒等工具，利用北极星和太阳等天体的位置确定方向。方法有很多种，比如："日中"时立即使用望筒，首先绕轴将望筒转动到合适的角度，让光线穿过望筒的上、下两孔，然后保持望筒位置不动，等到夜里再用望筒向南望，要把望筒的角度调整到前、后两孔中都能见到北极星，最后，在望筒前、后各坠下一条绳子，绳头垂落处就是望筒两孔心的位置，把它们记录在地上，连接两点便是正南、正北的方向啦。如此，白天、晚上各测量一次才能得到准确结果。

月台观月

[宋] 陈文蔚

秋来无日不登临，独喜今宵月满襟。
仰面青天思把酒，寄情古调欲携琴。
凉风舞袂身将举，白露沾衣夜向深。
要看一台清影满，尽教移转碧梧阴。

《营造法式》中的真尺

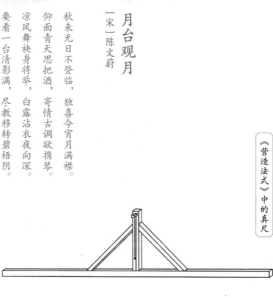

定平

为了确保房屋不倾斜，动工之前还需要"定平"，这就像你搭积木时首先需要一张平整的桌面。

定平要用到水平仪或者特制的垂线工具，水平仪的用法是这样的：

1. 方向取正之后，在四角各立一个标杆，并用垂绳将它们校对成垂直；

2. 把水平仪固定在四根标杆的正中心；

3. 往水平仪的槽里注水，槽里的小浮子就会浮起来，并调整水平仪横木至平；

4. 然后旋转水平仪，仔细观察各个方向上水浮子位置的变化并且把数据记录下来。

测量过程中需要两位匠人相互配合、反复校核，才能测量准确。

不方便用水的时候该怎么办呢？比如，冬天在极冷的屋外，水平仪里的水就有可能结冰。于是，聪明的匠人又造出了真尺这类利用垂线定平的工具。

真尺上有一根坠有重物的线，把真尺的底边贴在地面上，线如果垂直于底边就说明地面是水平的。

台基

試上超然台上看
半壕春水一城花

❀

小台基，大变化

现在，方向周正，位置水平，可以开工建房子喽！

房屋要想稳固，先得有牢固的台基。这台基长什么样儿？你在园林、寺院或者其他古代建筑中一定见过，那高出地面，四四方方的石头平台就是啦。它们有的有栏杆，有的没栏杆，走在上面我常担心"要是一不留神掉下去可就惨了"。

可为什么要把房屋建在那么高的台基上呢？其实，古代先民最早建造房屋时，为了防潮，用过很多方法处理地面，比如夯土、抹草泥、红烧土地面等等。随着建筑的发展，夯土地面变成了高高的方台，这时，台基的作用就不仅仅是防虫、防潮，还成了地位的象征。把建筑建在高大的台基上，既衬托得它愈加高大雄伟，又便于区分等级。《礼记》中说："天子之堂九尺，诸侯七尺，大夫五尺，士三尺。"由此看来，《道德经》中那句"九层之台，起于累土；千里之行，始于足下"，表达的就是"想获得崇高的社会地位必须从最不起眼的小事儿做起"。

须弥座式

台基

古建筑中的台基由台明、台阶、月台和栏杆四部分组成。台明露出地面，是台基的主体部分；台阶、月台、栏杆都是台基的附件，就像你搭积木时安在主体上的那些小零件，并不影响建筑的牢固度，不是台基必须有的，当台明很矮时连台阶也可以不用造。

台基有平台式和须弥座式两大类：直上直下、四四方方的是最普通的平台式；凹凸有致、有"束腰"的是须弥座式。"须弥"是古印度神话中一座山的名字，位于世界中心，是宇宙中最高的山，日月星辰出没其间，地狱、人间、天界都依它而建。佛教借"须弥"之名称呼佛的座位，以显示佛的神圣伟大，所以，有须弥座台基的建筑当然等级更高。最著名的须弥座台基建筑就是故宫，在故宫中须弥座每高一层，建筑的级别也随之高一等。因此，你一眼就能看出拥有三层须弥座台基的太和殿是等级最高的建筑啦！

我们最熟悉的台阶，在古代也被称作"踏道"，通常有阶梯和斜坡式两种类型。

月台，是台明的扩大和延伸，就像你家阳台，从主体上伸出来，将建筑加宽，使它看上去更有气势。因为没有屋檐遮拦，月台宽敞而通透，是看月亮的好地方。诗人往月光盈盈的平台上一站，灵感便汩汩涌出。

栏杆，又称勾栏，原本是台基的一部分，起防护安全、装饰台基的作用，同时又能分隔空间。

诗词中的建筑

栏杆，在中国古诗词中的出镜率特别高。

杜牧的惆怅里有它：砌下梨花一堆雪，明年谁此凭阑干。

岳飞的意难平里有它：怒发冲冠，凭栏处、潇潇雨歇。

李煜的落寞伤怀里有它：独自莫凭栏，无限江山。别时容易见时难。

黄庭坚的开阔豁达里有它：四顾山光接水光，凭栏十里芰荷香。

无名小儿女的生活里有它：梅蕊露鲜妍……留得佳人临晓际，凭栏。试把新妆比并看。

你好园林，神奇的院子

大木作

画堂新构近孤山
曲阑干 为谁安❀

房屋的骨架——大木作

园林中的建筑，大多是木结构。木结构建筑又分为 "大木作" 和 "小木作"。

小木作是指分隔空间或装饰的部分，比如隔扇、屏风、门、窗、天花板、栏杆以及其他小型木装饰等，如果用现代词语解释类似于 "室内装修"。大木作就厉害了，它是整个建筑的基础和框架，就像房屋的骨骼。

木作有大小之分，于是，木匠也有大小之分。大木工负责加工梁、柱、椽、檐、木料、斗拱等房屋构件。在古代，大木工是工程建设中非常重要的工种，其他工种，比如石作、瓦作、土作要将自己手头的材料加工成什么样式、多大尺寸等都要经过大木工的首肯。

大木作的结构样式

《营造法式》一书中，将大木作的结构形式分成殿堂结构、厅堂结构、簇角梁结构三种。

殿堂结构：全部结构按水平方向分为柱额、铺作、屋顶三个整体构造层，自下至上逐层安装，叠垒而成，一层层地增加柱额和铺作层。这种结构的房屋，平面一般都是长方形。

厅堂结构：用横向的垂直屋架。每个屋架由若干长短不等的柱梁组合而成，只在外檐柱上使用铺作。每两个屋架间用椽、襻间等连接成间。厅堂结构施工比殿堂结构简便，但不适合建造多层房屋。

簇角梁结构：像帐篷那样横截面是正圆或正多边形的建筑。每个柱头上的角梁与中心的枨杆（雷公柱）相交，组成圆或方锥形屋顶，最常见的例子就是亭。

木构架的样式

远古人类走出洞穴，用木材搭建了最早的"家"，自此，木材一直被我们当作可靠的建筑材料。

木结构一直是中国传统建筑最主要的语言，经过数千年的传承，中国工匠积累了丰富的技术经验，中国的木结构建筑形成了独特的体系和风格。

虽然常常见到，却仍然十分陌生的中国传统建筑中到底藏着什么玄机呢？咱们一起去了解一下吧。

最常见的木构架样式有抬梁式和穿斗式两种。

抬梁式

　　抬梁，也叫叠梁或者架梁，能跨越比较大的空间，适合搭建大房子，比如宫殿或庙宇。这种样式好似叠罗汉，柱上架梁，梁上立起瓜柱，瓜柱上再叠梁……这样重叠数层后，在最上层的梁上立脊瓜柱，构成一组木构架。柱承梁、梁承檩，这样一层层递减上去就形成了三角形的房顶。

　　我国春秋时就已经有了抬梁式构架，至唐代已经发展成熟。山西五台山佛光寺大殿和山西平顺天台庵正殿是抬梁式构架的代表。

三架梁

抬梁式

瓜柱

五架梁

随梁枋

穿插枋

金柱

檐柱

穿斗式

这种结构没有梁，由柱、穿枋、斗枋、檩、椽子构成，用柱子直接承接檩，民间匠人把这种做法叫"穿兜"或者"串逗"。穿斗式最主要的特征是"穿"，那是怎么个穿法儿呢?

沿房屋的进深方向按檩数立一排柱子，柱上架檩，檩上布椽，每排柱子被穿枋像串糖葫芦一样穿成一串，叫一榀构架或者一组屋架。然后再用斗枋把一组组屋架连在一起，房屋的"骨骼"就形成喽!

穿斗式房屋好像一组插在一起的积木，零件们紧紧抱成一个整体，自然比那些一块块搭起来的积木结实得多，抗震能力也更强。此外，穿斗式还有很多优点呢!比如，它用料小，便于施工、节省人力。现在，中国南方还有很多这种结构的房子呢。

穿斗式

混合式

穿斗式房屋被一排排柱子分隔成一个个小空间，中心还有一根通长的脊柱，如果想建造宽敞的大厅堂就显得碍事儿了。于是，聪明的匠人便想到把抬梁式和穿斗式结合起来，灵活使用。中间需要宽敞，适合用抬梁式;穿斗式则多用于两边。这样，房屋既有灵活的空间布局，又能科学地受力，还节省了建筑材料和时间，完美结合了两种样式的优点。

飞檐

升起，让建筑扇动翅膀

　　中式建筑古朴庄重的气质历来为世人所称道，但如果它的檐子太过平直就会显得呆板，所以聪明的建筑师在设计和修建外檐时，将两端向上挑出少许，檐子便有了一条微笑的弧线，建筑也随之变得柔和优美，这就是"檐子升起"，也叫"檐口升起"。严肃庄重的建筑因为这点变化而舒展双翼，远远望去，好似大雁翩翩起舞，灵动生姿。

侧脚

重檐攒尖

侧脚，纠正眼睛的骗局

观赏一座建筑必须要用眼睛，可我们的眼睛并不精准，它是有偏差的哦！比如，垂直于地面的高墙，我们看来就会有"将要倾倒"的不稳定感。所以要让它由地面向上逐渐内倾，有点儿斜坡，才显得稳定，这种设计就叫"侧脚"。设计"侧脚"不仅仅是为了纠正视觉的偏差，还是为了让墙体、柱头向内聚拢，以便借助于屋顶重量产生水平推力，增加木构架的内聚力，让房屋更加稳固。

怎么样，不知道古代的建筑中还有这么多学问吧？

柱

明年春 草堂成

三间两柱 二室四牖 ❀

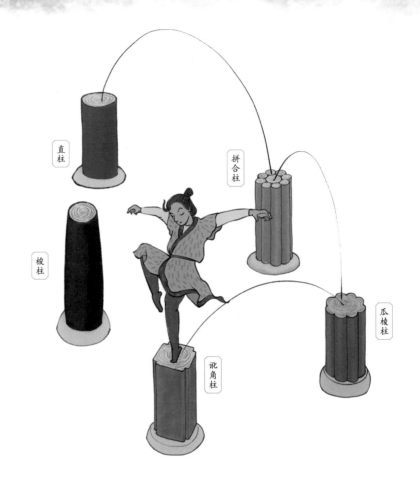

你肯定会说，柱子谁没见过，有什么稀罕的！可是，你仔细观察过吗？园林里的柱子有多少种样式？每根柱子从下到上粗细都一样吗？这些看似平淡无奇的柱子上也藏有许多小秘密，等你去发现呢！

中国古代建筑的柱子样式非常多，上下一样粗的圆柱子叫"直柱"，因为它看起来呆头呆脑的样子，匠人们就想办法给它们做些"美容手术"。把柱子上下两端稍稍变细些，好像织布的梭子，叫"梭柱"；像南瓜一样，一棱一棱的是"瓜棱柱"；木料不够粗大时就拼拼凑凑，做成"拼合柱"吧；方柱子棱角分明，不小心撞上去会很疼，那就把四角抹去，做成"抹角柱"，或者干脆让角陷进木头里成为"讹角柱"。

收分

　　把一根直柱变得根部略粗顶部略细的做法，被人们称为"收溜"，也叫"收分"。柱子做出收分，既稳定又显得轻巧。

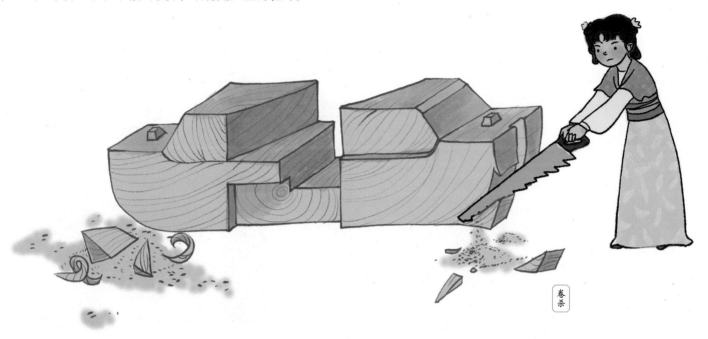

卷杀

卷杀

　　"杀"是削砍的意思。木构件的棱角太尖锐而缺乏安全感，工匠们就把柱头、斗拱的拱头等地方"卷"了起来。卷杀出现得很早，在东汉古墓里的陶房子上就有应用了。用这种方法，匠人把古建筑木构件的外轮廓、端部等变得圆润，唐、宋木建筑中的梭柱、棋头、月梁头、阑额就运用了卷杀。经过卷杀的柱子因为有了优美的曲线，就像会伸懒腰一样，显得更柔美、更修长了。

营造法式（节选）

[宋]李诫

凡杀梭柱之法：随柱之长，分为三分，上一分又分为三分，如拱卷杀，渐收至上径比栌枓底四周各出四分；又量柱头四分，紧杀如覆盆样，令柱头与栌枓底相副。

其柱身下一分，杀令径围与中一分同。

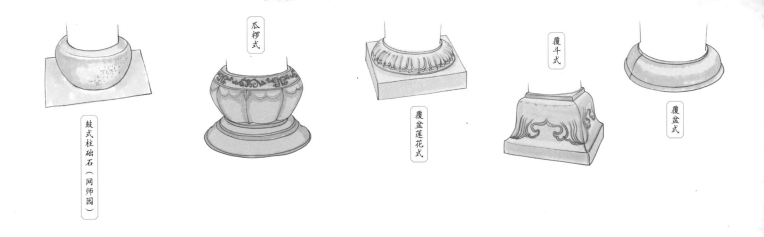

鼓式柱础石（网师园）

瓜楞式

覆盆莲花式

覆斗式

覆盆式

柱础石

柱，支撑着整座建筑的庞大身躯。柱子之下，有一块石墩，被称为柱础石，虽然一直被人忽视，它却默默坚守在房屋脚下，将柱身承担的重量分散到地面。

柱础石这么重要，却如此低调，用来比喻那些性情坚定、能担当大任的人最合适不过。在西汉、东汉交替之际，就有一位被称为"柱石之臣"的人——伏湛。

当时，天下大乱，凡是有点儿钱势的都想着招兵买马割据一方。伏湛的一个管家也想煽动他起兵造反，伏湛大怒，把那人杀掉并将其头颅悬挂示众，以此晓谕百姓，从此官府和老百姓都非常信任他。伏湛极力避免参与混战，使他治理的地方在乱世中得以保全。

汉光武帝刘秀即位后，颇具声望的伏湛被拜为尚书。此时，彭宠在北方边境渔阳造反，光武帝准备集结军队亲自出征，伏湛连忙上疏说："我们打了那么多年仗，现在洛阳城里物资匮乏，咱们家门口的困难还没解决，又要忙着平定边境。况且此去渔阳两千多里，沿途全是穷地方，农民听说官兵要来肯定都把粮食藏匿起来，这样一来，咱们的军队人困马乏的，还得饿肚子。再说，中原一带尚且盗贼横行，渔阳本就是偏僻边塞，给朝廷交不了多少税钱，加之多年战乱变得愈发荒芜。您何必舍近求远，干这种费力不讨好的事儿呢？"光武帝看了他的奏章，最终没有出征，百姓得以休养生息，军队也避免了不必要的损失。

伏湛的威望越来越高，后来甚至达到不战而能降敌的程度。当时，陕西富平一带有群土匪，跟官军僵持数月拒不投降，头领徐异卿称"别人我不服，只愿向伏公投降"。光武帝便派伏湛前往，果然，徐异卿等人当天就归降了。

《后汉书》中评价伏湛："柱石之臣，宜居辅弼。"

柱础石不仅要以小小的身躯承担巨大的重量，还要防止木柱受潮腐朽，所以，在潮湿的南方，柱础石的个头通常会比北方的高一些，比如，苏州网师园里的鼓式柱础石。如果你眼尖心细，还能从柱础石上读出天气预报呢！俗话说"山云蒸，柱础润"——大量水蒸气从地面蒸腾起来，遇到冰冷的柱础石凝结成水珠，要是你看到屋里的石础湿润了，便是天要下雨，这就是"础润而雨"。

柱础石的另一个重要作用是方便"偷梁换柱"：如果柱子坏掉了，有柱础石在，更换木柱就方便多啦。

能干的柱础石，颜值也必须特别能"扛"！汉代的柱础石简洁、古朴，像个武夫，它们的外形如同盆子或者量米的斗一样扣在地上，叫"覆盆式"或"覆斗式"；魏晋隋唐时举国信仰佛教，一朵朵莲花形的柱础石便盛开在房屋脚下；后来又出现了瓜棱纹柱础石、宝瓶柱础石、镜鼓柱础石、动物柱础石、卷草纹柱础石等等，个个都雕刻得精美无比，柱础石家族逐渐壮大起来。

现在，请你蹲下来好好看看这不起眼儿的"硬汉"吧。

北魏司马金龙墓柱础石

梁

双燕归飞绕画堂
似留恋虹梁 ❋

梁是中式建筑中最重要的构件之一，由"梁"衍生出很多为人熟知的成语：国之栋梁、悬梁刺股、绕梁三日、梁上君子、跳梁小丑、上梁不正下梁歪……

在园林中的房屋里，你一抬头就能看到裸露的木构架，但是你知道梁是哪个构件，在什么位置吗？

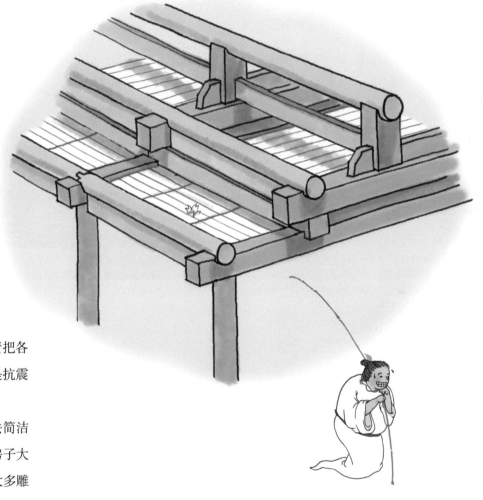

北方的梁

梁是房屋必不可少的"骨骼"，它负责把各个方向的柱连接成一个整体。另外，它还是抗震的第一道防线。

北方的古代建筑一般使用直梁，看上去简洁大气、古朴端庄。因为保暖需要，北方的房子大多有天棚，梁架隐藏其中，一般不会装饰太多雕刻或者彩画。

南方的月梁

在注重房屋通风、崇尚精巧秀美的南方，梁一般被做成弧形，像一轮弯月。在汉代，这样的梁被称为"虹梁"——屋顶垂虹，这情景美妙又吉祥；它最常用的名字是"月梁"——梁儿弯弯，好似新月高悬。

和直梁一样，月梁的主要作用也是支撑和平衡房顶的"骨架"。与此同时，暴露在外的月梁还得担当起装饰房屋的责任，在弯曲的梁上，江浙人雕出了繁花似锦，徽州人雕出了出将入相，广东人雕出了鱼蟹满仓。

月梁，不仅仅常见于中国南方的建筑中，也是日本、朝鲜半岛以及越南传统建筑中梁的基本类型，传播范围很广呢。

成语里的建筑构件——梁

雕梁画栋

"雕梁画栋"——把整栋房子的木头构件都雕刻出、描绘上精美图案。这种房屋可是人们心中奢华的居所，是房屋主人身份和地位的象征。

北方建筑的雕刻大气传神，江南建筑的雕刻细腻精巧，闽粤建筑的雕刻复杂华贵。但你留心过那些建筑上面雕的是什么，画的是什么吗？

建筑雕刻的题材可多着呢！有龙、凤、麒麟、狮、猴、蝙蝠、鱼、虾、花、鸟、神像、人物故事、生活场景、几何图案等，不但漂亮，还尽是满满的吉祥寓意。

檩、桁、椽

一椽板屋才经雨
两面油窗好读书 ❀

你会读檩、桁、椽这三个字吗?

对啊,它们都是木头,而且都跟屋顶有关哦! 檩、桁、椽究竟是做什么用的? 一起去看看吧!

檩、桁

檩和桁,指的是同一个构件,它们两端搭在梁柱上,与屋面平行,在有斗拱的大式建筑中被称作"桁",在小式建筑和不带斗拱的大式建筑中叫"檩"。

檩(桁)的作用是固定和承托椽子,并将屋顶的重量传递给梁柱。根据建筑物承重大小,檩条的使用数目也不同,有用一根,也有两三根并用的。两根并用时,下面的一根叫檩枋;三根并用时,中间那根多是方条,称为"垫板"。檩随着梁头所在的柱的位置取名,比如,在檐柱之上的称"檐檩",在金柱之上的叫"金檩",在中柱之上的称"脊檩",也称"脊桁"。

椽

椽子,站在园林中的任何一栋古建筑檐下,一抬头就能看到它们。那些整齐排列于檩上的圆木就是椽子。望板和瓦片密密麻麻地铺在椽子上,给房屋挡风遮雨。

中国木建筑的屋顶都有远远伸出的屋檐,目的是保护檐口下房屋的木头骨架和夯土墙少受雨水侵蚀。俗话说"出头的椽子先烂",如果椽子伸出到房檐外太多就会遭到日晒雨淋,往往先腐烂掉,于是,人们为了保护椽子又造出瓦当。

成语里的建筑构件——椽

大笔如椽

  王珣是东晋的著名学者，书法尤其棒。一天晚上，王珣梦到一个神人给了他一支很大的笔，这支笔的笔杆有屋椽那么粗。醒来以后，王珣说道："莫不是我要被予以重任？"果然，不久，孝武帝逝世，哀册之类的最高等级文件全部由王珣负责起草，这种殊荣是历史上少见的。

檐

廊腰缦回
檐牙高啄
✿

池上篇
[唐]白居易

十亩之宅，五亩之园。有水一池，有竹千竿。
勿谓土狭，勿谓地偏。足以容膝，足以息肩。
有堂有庭，有桥有船。有书有酒，有歌有弦。
有叟在中，白须飘然。识分知足，外无求焉。
如鸟择木，姑务巢安。如龟居坎，不知海宽。
灵鹤怪石，紫菱白莲。皆吾所好，尽在吾前。
时饮一杯，或吟一篇。妻孥熙熙，鸡犬闲闲。
优哉游哉，吾将终老乎其间。

　　如果让你拍张最能代表"中国园林"的照片，你的镜头会对准什么？月洞门，还是太湖石？

　　我的答案是：飞檐。

　　在粉墙竹影间，黛青色屋顶飞檐高举，形如鸟儿振翅，曼妙轻盈，正所谓"飞檐翘角"。飞檐向外挑出，挑出部分的椽头往往有精致的雕刻作为装饰，非常好看，园林中处处可以见到。

　　檐有许多种类，或低垂，或平直，或上挑，每一种都有自己的气质。飞檐翘角首先"以貌取胜"，却不是徒有其表，它其实特别实用。一来，优美的曲线是雨水的滑梯，可以把雨水抛得更远。二来，如果你折过方纸盒，一定有这样的体验：一圈折下来，纸就会堆积在四角，比边长出好多。房顶也一样，长长的屋檐在四角越积越长，挡住了光线，影响了人们的生活，让整栋房子都显得无精打采了。干脆把它们翻折起来，就像折起遮挡你视线的帽檐儿。

置酒坐飞阁
[唐]李世民

高轩临碧渚，飞檐迥架空。
馀花攒镂槛，残柳散雕栊。
岸菊初含蕊，园梨始带红。
莫虑昆山暗，还共尽杯中。

在留园的几株古银杏和湖石之间有座六角小亭，飞檐凌空，像一只灵巧的小鸟落在山间。亭子中央有一方珍贵的灵璧石桌。园主说："不要嫌弃这儿狭小，床榻桌椅倒是齐备，可停在这里休息赏景，叫'可亭'吧。"这句话是园主从白居易《池上篇》中"勿谓土狭，勿谓地偏。足以容膝，足以息肩"改编而来的。

斗拱

如翚斯飞
如鸟斯革

有斗拱的亭

在苏州静寂的巷子深处，藏着一座低调的精致庭院——艺圃，艺圃里有座小亭，它看似平淡无奇却在苏州的一众园林里占着几个第一。这小亭叫"乳鱼亭"，是苏州园林中唯一的明代古亭，也是江南园林里少见的有斗拱的建筑。乳鱼亭的木构部分相当奇特，亭中有八柱十二斗拱，在转角斗拱间，又置有四十五度角的月梁，天花板以四个散斗承托，这种构造的亭子很是罕见。尤其珍贵的是，在斗拱、月梁、枋和天花板上，都画有造型独特的草龙，但因为时间久远，木头构件上的彩绘褪得只剩白印了。

"乳鱼"就是小鱼，古人说"观乳鱼而罢钓"，因为鱼太过幼小而心生怜悯。既然不忍心垂钓，那就倚着栏杆投喂食物，逗弄逗弄它们吧。

艺圃·乳鱼亭

斗拱

斗拱，虽然在江南的园林建筑中很少见，但在颐和园这样的皇家园林以及寺院、宫殿里比比皆是，它们排成阵列，蔚为壮观，是最有中国味儿的古建筑标识之一。建筑学家林徽因说："如果没有斗拱的'尽错综之美，穷技巧之变'，就没有中国建筑的飞檐翘角，就没有中国建筑的飞动之美，就没有中国建筑'所谓增一分则太长、减一分则太短'的玄妙。"建筑学家梁思成说："它是了解中国古代建筑的钥匙。"小读者们，咱们一起用它来解锁中国古代建筑吧！

斗拱在横梁和立柱的交接处，上承屋顶下接立柱，是个"顶天立地"的角色。从柱顶上一层层地探出，弯弯如弓的叫"拱"，拱与拱之间垫的方形木块是"斗"，合在一起才是我们常说的"斗拱"。有了斗拱，屋顶才能"张开翅膀"。即使遇到地震，在斗拱的起承转合下，冲击力也能被化解，使整个建筑物松而不散。是不是很厉害呀？

斗拱可是名副其实的"积木"，它有很多组件——斗、拱、昂、耍头等等。想把这组"积木"拼搭起来，你先得把它们一样样儿认清楚：斗，像古人量粮食用的工具"斗"，在"斗拱"这个大集体中它责任重大，是大家的垫块，负责传递压力，还得把拱、昂、梁枋连接起来。斗有很多种，虽然外形差不多，但当它们身处不同位置，负责不同任务时，斗的个头和开口样式都会随需而变，比如"一字口"和"十字口"，还有栌斗、交互斗、齐心斗、散斗等等。其中，栌斗是承重最大的"大力士"，位于整组斗拱最下面，像花萼一样托举着这朵重达万斤的"斗拱花"；栌斗的个头也是最大的，相当于八个齐心斗那么大呢。

拱，在汉代的名字叫"欒"，说明其形状像大力士拳曲的手臂，它是支撑房檐的骨干。在一朵斗拱中，向外挑出的拱叫"翘"；左右伸出的拱，中间的叫"正心拱"，在屋里的叫"里拽拱"，在屋外的叫"外拽拱"。

斯干
[先秦] 佚名

如跂斯翼，
如矢斯棘，
如鸟斯革，
如翚斯飞，
君子攸跻。

殖殖其庭，
有觉其楹。
哙哙其正，
哕哕其冥。
君子攸宁。

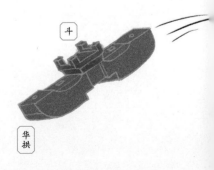

斗

华拱

斗拱的等级

斗拱层层叠叠，让建筑发出合唱一般的浑厚而有层次的声音，它承托着巨大的屋顶，又把重量传递给梁柱。

中国古代建筑，远看屋顶，近看斗拱。每个时代都有自己特有的斗拱制作方法。"看斗拱"不仅看它的颜值，还能从中看出这栋建筑的年龄和等级高低：有斗拱的建筑等级高于无斗拱的，斗拱层数越多，建筑等级越高。

成语里的建筑构件——斗拱

鸟革翚飞

古人形容他们漂亮的房子"如鸟斯革，如翚斯飞"——像鸟儿张开翅膀，如五彩缤纷的锦鸡在半空飞翔。那如同锦鸡绚丽羽毛的便是斗拱和檐椽。

斗拱中的翘和昂自中心线向外或向里伸出。如果中间是一踩，里外又各出一踩，就是三踩；向里外各出两踩，就是五踩；这样依次下去就是七踩、九踩甚至十一踩。出踩越多，屋檐就越宽大，房子的"翅膀"自然越舒展。再加上斗拱、椽子上艳丽的颜色，还有比锦鸡展翅更恰当的形容吗？

营造法式（节选）

[宋] 李诫

凡构屋之制，皆以材为祖，
材有八等，度屋之大小，因而用之。
……
凡屋宇之高深，名物之短长，
曲直举折之势，规矩绳墨之宜，
皆以所用材之分，以为制度焉。

材，建筑的计算单位

　　中国木匠很早就会使用"公式"来设计和建造房屋，这样方便预估建筑的体量，提前计算需要用多少材料、花多少钱。按照统一标准，像流水线一样加工建筑零件，再组装成建筑，既能保证工程质量，又大大缩短了建造时间。

　　中国的房子，称横向尺寸为"面阔"，称纵向尺寸为"进深"，房屋面阔几间、深几进，视地位高低、财富多少而定。房屋上每个零件的粗细长短，具体是什么尺寸，以"材"为基准，建大房子要选择粗壮的"大材"，盖省钱的小屋子就用瘦瘦的"小材"。"材"有八种固定尺寸，建筑上的梁、柱、斗拱、榫卯等构件的大小、转折角度，甚至连每条曲线的弧度都要依据选"材"而定。每个构件如何计算都有"公式"，非常严谨呦！这种严格的建造制度在宋代叫"材分制"，而到清代则改革成了"斗口制"。想想看，如果"小材大用"，加工出来的建筑零件不合适，组装到一起，房子反倒不结实了。

　　既然所有构件都要向"材"看齐，那这位重中之重的"材大人"到底是谁，长什么样儿？

　　这位神秘的"建筑定盘星"其实就是我们熟悉的"拱"，以拱的高作为整栋建筑最基本的单位"1"。以此为准，梁横截面的高度是它的四倍，柱的直径是它的三倍，即所谓的"梁广四材""柱径三材"。所以，说"给我一根拱，我能算出整栋房子有多大"还真不是吹牛哦！

屋顶

屋顶

看浮屠双耸倚高寒
鳞鳞万瓦连霄汉 🌸

庑殿顶

庑殿顶有好多名字：由于这种屋顶有四面斜坡，宋朝人称它为"四阿顶"；又因为它是由一条正脊和四条垂脊，共五条脊组成，清朝人叫它"五脊殿"；也有人干脆把这两种叫法合起来，称它为"五脊四坡顶"。

这名字读起来跟绕口令似的，但是，亲爱的小读者们，你们知道吗，庑殿顶的地位可不一般，它是各种屋顶样式中等级最高的。唐朝时，它是佛寺建筑的专享屋顶；明清时，除了寺院之外，也只有皇宫和纪念孔子为代表的儒学先贤的文庙才允许使用。

庑殿顶中又以重檐最尊贵，所谓重檐，就是两层屋檐，就像人在帽子上面再戴一顶帽子。哈哈！那样子是不是很特别？真是让人过目难忘，比如故宫的太和殿。

庑殿顶

你好园林，神奇的院子

歇山顶

歇山顶有九条屋脊，正脊两端到屋檐处中间折断了一次，分为垂脊和戗脊，就好像滑滑梯中途突然转了个弯。歇山顶也分单檐和重檐，大家再熟悉不过的天安门就是重檐歇山顶。

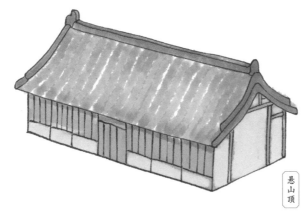

硬山顶和悬山顶

硬山顶和悬山顶兄弟俩长得很像，都有两面斜坡，从侧面看都是个大大的"人"字。它们俩可能是屋顶家族里最其貌不扬的一对儿，却又各自身怀绝技：硬山顶左右两侧的山墙都高出房顶，火灾发生时可以阻断火焰流窜到临近的屋顶上，适合干燥的北方；悬山顶的屋檐伸出山墙之外，能减少风雨对房屋的损害，更适合多雨的南方。

然而，实用性这么强的硬山顶和悬山顶，等级却是最低的。清朝规定，六品以下官吏及平民住宅的正堂只能用悬山顶或硬山顶。

卷棚歇山顶

卷棚顶

卷棚顶没有那根棱角分明的"脊梁"，它的屋脊圆溜溜的，是悬山、硬山、歇山的变形。将硬山、悬山和歇山顶的正脊变成圆弧，它们便分别成了"卷棚硬山顶""卷棚悬山顶"和"卷棚歇山顶"。卷棚歇山顶特别常见，不管是在北方的皇家园林里，还是在南方的私家园林里都能见到它。圆乎乎的卷棚顶房屋还常常陪伴在巍峨的宫殿旁边，那是仆人的小窝儿。

重檐庑殿顶

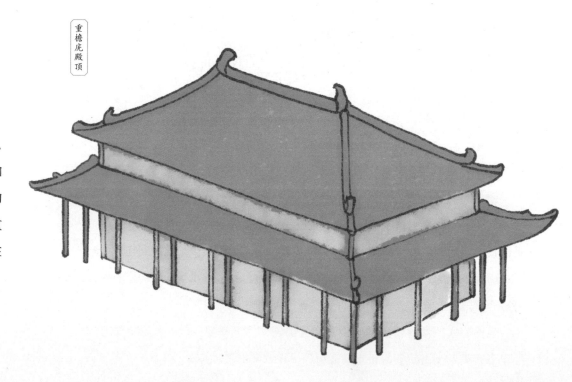

重檐顶

人戴上高帽子会显得挺拔威武，房子"戴上高帽子"看上去则更加雄伟庄严。在本来级别已经很高的庑殿顶、歇山顶建筑上再加上一重屋檐，就变成了只有皇帝才能居住的重檐庑殿顶、重檐歇山顶建筑。天安门也是重檐歇山顶哦。

舒啸亭

[宋]苏轼

揽胜雷山舒啸亭，诸峰秀拱透云程。
啸傲池边红日伴，舒怀岩壑白云迎。
满目纵观天际迥，一腔收拾岁寒清。
松花香遍银阳地，剩把新诗壮此行。

攒尖顶

像包包子一样，让几条屋脊在屋顶的一点交会，就形成了尖尖的攒尖顶。攒尖式屋顶在宋朝时称为"撮尖""斗尖"，在清朝时称为"攒尖"。

你见过什么建筑有这种屋顶？对呀！在塔和亭上。

攒尖顶按形状可分为角式攒尖和圆形攒尖，其中角式攒尖顶小组里又有三角攒尖、四角攒尖、五角攒尖、六角攒尖、八角攒尖等。在苏州的留园里就有好几处攒尖顶建筑：舒啸亭是圆形攒尖顶，冠云峰旁边的冠云亭是六角攒尖顶。

聪明的小读者们，再去参观古代建筑时，要记得向爸爸妈妈好好介绍一下各种各样的屋顶哦。

攒尖顶

砖

听到"秦砖汉瓦"这个词，你是不是会想秦朝、汉朝的砖头瓦块儿有什么特别之处？为什么不说"唐砖宋瓦"或者"明砖清瓦"？来，让我们一起去探索这其中的原因吧！

秦砖人称"铅砖"，一说它有金属之声，一说它像金属一样坚硬、沉重。当时秦国国力强盛、法律严苛，建造宫殿的砖用料和制作标准都非常高。做砖的土先要经过层层过滤，让它毫无杂质，然后再经过反复沉淀、煅烧才能做出质地极细密坚硬的砖。流传到现在的秦砖非常少，据说敲击秦砖时"其声如磬"，十分清脆悦耳，是"会唱歌的砖头"呢。

瓦即瓦当，俗称瓦头，是覆盖在建筑檐头筒瓦前端的遮挡，是中国古建筑的重要构件。瓦当可以抵挡风吹、日晒、雨淋，保护椽头免受侵蚀，延长建筑的寿命。瓦当上刻有文字或各种图案，图案极其丰富多变，如云头纹、几何形纹、饕餮纹、文字纹、动物纹等。

汉代瓦当是在秦代瓦当基础上发展而来的，与秦代瓦当比，汉代瓦当不仅数量多而且种类更加丰富，纹饰图案更加多样，并且出现了文字瓦当，工艺上更是进入鼎盛时期，有"汉代瓦当冠天下"之称。汉代瓦当中较出名的是四方之神瓦当，上刻青龙、白虎、朱雀、玄武四种动物，意在让它们镇守四方，用来辟邪和求福。

汉代是中国历史上一个非常辉煌的时代，汉代瓦当以其数量之多、质量之精、时代特征之鲜明、文化内涵之丰富，将中国古代瓦当艺术推向了一个高峰。

城砖

城砖质量的好坏直接关系到一座城池的安危，所以烧造的时候必须严格把关。

城砖又大又沉重，比如南京城墙博物馆里的一块城砖，就有 40 厘米长，20 厘米宽，10 厘米厚，重量足足有 20 千克！上面还密密麻麻地刻着 17 个人名，他们全都参与了这块城砖的生产，有烧窑匠、造砖匠、砖厂的小组长以及各级的管理人员。这样，一旦发现质量问题马上就能找到负责人。

这么严格，那烧出来的砖是什么样儿呢？最基本的要求是"敲之有声，断之无孔"。敲起来声音清脆，表示这块砖已经烧透了，非常坚硬；打断以后看不到气泡孔，说明做砖用的泥筛得细致均匀，砖坯踩踏得非常紧密。这样的砖才能筑起"铜墙铁壁"，保护一城百姓的安全。

明代，有个叫隋赟的官员，就是因为城砖烧得好，在两年内连升六级。你看，当时的朝廷对基础建设的工程质量多么重视！

磨砖对缝

你听过"磨砖对缝"吗？如果留心观察，你一定会发现砌筑古代建筑的砖与砖之间严丝合缝，几乎看不到空隙，这是怎么做到的呢？

磨砖对缝是一项非常复杂的工艺：砌墙之前先把青砖磨平，再用和有江米汤的黏合剂砌筑，待到砌成后，砖缝间还需要浇灌煮好的白灰浆、蛋清、江米汁等混合而成的"浆"。然后反复灌浆、打磨、填补砂眼，使每一条砖缝都像细线一样笔直清晰，最后还要用打磨工具沾水再统统打磨一通，保证墙面光滑平整，严丝合缝，精细到肉眼都看不出接口！

哇！已经这么完美了，一定可以收工啦！别着急！还有工序没完成呢。是的，工匠们还要用清水和软毛刷清扫墙面、冲洗干净，露出"真砖实缝"。重要的宫殿的墙面还得"上亮"，就是刷一遍生桐油，然后用麻丝擦一遍灰油，再刷一遍熟桐油，最后还得刷一道靛花光油，才算齐活儿。南方民居墙面的抛光方法稍有不同：在墙面上刷几遍淡轻煤水，等煤水干透之后，再用丝绵蘸白蜡反复打磨几遍，直到墙面发亮为止。

天哪，传统的中国匠人对如此细小的一条砖缝都这样精益求精，真令人敬佩！

当你走在留园里，可以远远地欣赏园中建筑灵秀优雅的身姿，也可以靠近了仔细看看这些不起眼的砖缝儿，莫辜负了前人的匠心。

金砖

传说，皇宫里是"金砖墁地"，难道皇宫里铺在地上的砖都是黄灿灿的金子做的？

其实故宫里的"金砖"和普通砖看起来区别并不大，都是由泥土制作而成。之所以叫"金砖"，一是因为它敲起来声音清脆，有金属之音；二是因为它的做工非常复杂，成本昂贵，做好后还要沿着运河从遥远的苏州运到北京，这些砖自身又极其沉重，所以运费便比常规货物高出许多，堪称"一块砖一两黄金"。此外，有人说因为"金砖"专供紫禁城，所以一开始被称作"京砖"，后来慢慢叫转了音，才成了"金砖"。

金砖的制作大致要经过选泥、练泥、制坯、装窑、烧窑、窨水、出窑、打磨、泡油这一系列工序，最后通过严格质检的精品才能装船北上。

其中，每道工序又有各自详细的要求：比如"选泥"，必须取苏州城东的陆墓（今陆慕）土，陆墓土质地"粘而不散，粉而不沙"，颜色"干黄作金银色"非常适于做砖瓦。选泥之前得先打探洞，提取样品，确认好品质之后才从一米多深的土层中挖泥，再将这些泥露天堆放半年，让它在风霜雨雪中充分释放"坏脾气"，只有"历经磨难"的土才能成为"性格"温和稳定的贵族土。再比如重中之重的"烧窑"，必须精准控制窑内

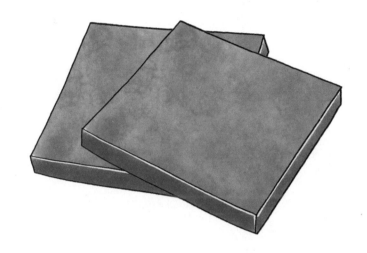

的温度和湿度，稍有差池满窑皆废。明朝窑工烧金砖通常先使糠草用文火熏烤一个月，让砖坯慢慢脱水干燥，再用片柴烧一个月，最后用松柴烧四十天，方能出窑。

经过这前前后后一年多、二十多道工序，一批金砖才算完成，其间每道工序环环相扣，稍有不慎就前功尽弃，果然是"身娇肉贵"的"金疙瘩"呀！

砖雕

砖，除了是盖房子的原料，还能做成很棒的装饰品——砖雕。园林建筑中的砖雕可是整个园林的点睛之笔哦。

汉代人喜欢把生活、故事或者战争的场景雕刻在砖上，这就是大名鼎鼎的"画像砖"，现在我们只能在古墓里看到它。元代以前，砖的产量不大，砖雕便不普及，从明代开始，砖雕才走进富人的宅邸中，比如留园、网师园等。

砖雕匠人个个都是了不起的艺术家，有人习惯先在泥坯上雕好图案再把它放进砖窑里烧硬，这叫"窑前雕"或者"捏活儿"；有人擅长在烧好的砖上雕刻，这叫"窑后雕"或者"雕活儿"。

四君子·兰

花开富贵

砖雕上的每一种花样儿都有特别吉利的说法：佛手代表吉祥多福；梅、兰、竹、菊则说明这家主人是斯文的读书人，品位高雅；莲花则象征主人追求的是"一品清廉"；兰花、灵芝寓意为"君子之交"；老虎是守护家宅驱除邪祟的神兽；瓶子加鹌鹑与"平平安安"谐音；柿子加如意是"事事如意"；猴儿骑马叫"马上封侯"；猴儿捅马蜂窝，并且在树上还挂着一枚官印叫"封侯挂印"；还有荔枝+桂圆+核桃——连中三元，喜鹊+莲蓬+芦苇——喜得连科……哎呀呀，人们把愿望都雕刻在砖里，镶到墙上，每天光是看到这些砖雕心情都会很愉快吧！

马上封侯

筒瓦

板瓦

千年古殿生蒿莱
瓦砾变化成良材
❋

最早的瓦

从高处看留园，屋顶的瓦片如鱼鳞一般。

亲爱的小读者们，关于瓦片，你了解多少？比如，你知道瓦片家族有多少成员？有什么样的历史吗？

事实上，中国人早在四千五百年前就已经利用瓦片为房子遮挡风雨了。2018年，人们在陕西延安的芦山峁发现了一处古老的宫殿遗址，并且在这儿找到了一百多件灰陶制成的筒瓦和板瓦，它们相互之间连接得很紧密。这些就是目前已知的中国最早的瓦。

筒瓦和板瓦

筒瓦和板瓦是瓦片家族最壮大的两兄弟。

它俩的区别主要是弧度不同：筒瓦的弧度大，有的接近半圆；而板瓦的弧度就很小，像一弯新月。它俩经常在一起，组合搭档，变着花样儿铺在屋顶上。

你们知道吗？我们现在常说的一个词竟然跟筒瓦的制作方法密切相关：烧制筒瓦时，先用泥条盘筑成圆筒形陶坯，然后把它从中间剖开，成为两片半圆瓦坯，再放进窑里烧成硬实的筒瓦。古人把剖瓦称为"削"，削开后便是"瓦解"。

瓦当

瓦当，俗称"瓦头"，是筒瓦的一部分，遮挡在檐头一列筒瓦的最前端。别看它个头不大，作用却很重要，可以防水、排水，保护木头建筑的房檐。有美丽图案的瓦当还能把建筑装饰得更漂亮、更有韵味哦。

瓦当的样式主要有圆形和半圆形两种，西周的瓦当多是半圆形，到秦汉时，圆形瓦当占了主流。

大多数瓦当都是灰色，是"灰陶"大家族的成员，算得上最有资历的瓦当。它历史悠久，价格亲民，一直以来深受大家的喜爱。

怎么，你嫌这瓦灰扑扑的不好看，想看看彩色瓦当？青的、绿的、蓝的、黄的……够不够？

人们喜爱瓦当，还因为那上面的丰富有趣的图案和文字：苍劲端正的文字，呼之欲出的动物、花卉，笔简意深的山川，富有节奏的几何图形……房屋主人把它们排布在房檐上，以此寄托对国、对家、对人生的美好希望：松鼠吃葡萄寓意为万代绵长和捷报丰收；蟾蜍、兔子象征长寿和多子；龙虎怪兽代表皇家威严；莲花寓意为吉祥清净；鹿的含义是长寿升官……还有的瓦当上面只有文字，有的是房屋信息记录，包括建筑名称、住址、建造者等，比如"上林""都司空瓦""西庙"；有的是吉利话，比如"长乐未央""长生无极""千秋万岁""永奉无疆"；有的瓦当相当"时髦"，直接写着当年的时事新闻，比如"单于和亲""汉并天下"；还有特别"没正形儿"的瓦当，比如烧瓦匠突发灵感，在瓦当上刻"偷瓦者死"。哈哈，如此真性情的匠人倒是为建筑添了几分幽默感。

滴水

"滴水"，这个名字也太直白了吧！

在园林里，建筑檐口板瓦头上，加了一块向下的三角瓦头，远远看去像锯齿，这些就是"滴水"。下雨和下雪时，落在屋顶上的雨水和雪水就会沿着两列板瓦之间的沟缝儿向下流动，然后经过这些尖尖的瓦头滴落到地面，避免雨水在板瓦顶端产生回流，形成积水。

小小的滴水，是减少雨水对建筑破坏的利器。它不但实用，而且还是建筑上极美的装饰。用文字装饰的滴水叫"文滴"，用图案装饰的便是"画滴"。

秋雨

[清]陆鹜淑

水滴阶生响，风吹叶有声

梧桐深院里，终夜不胜情。

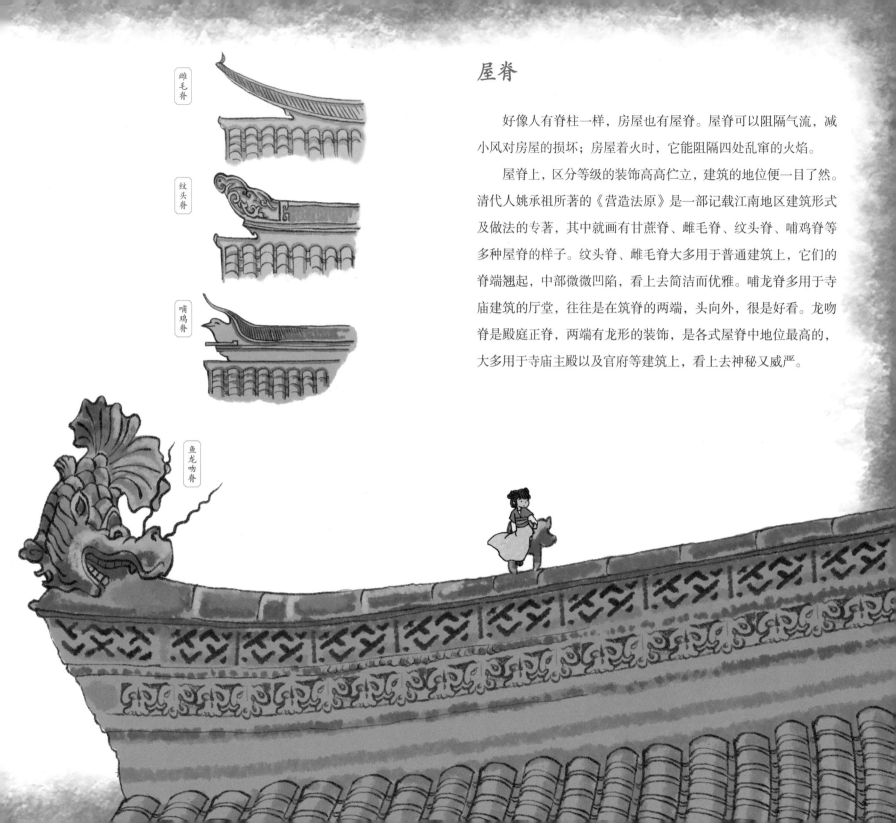

屋脊

雌毛脊

纹头脊

哺鸡脊

鱼龙吻脊

好像人有脊柱一样，房屋也有屋脊。屋脊可以阻隔气流，减小风对房屋的损坏；房屋着火时，它能阻隔四处乱窜的火焰。

屋脊上，区分等级的装饰高高伫立，建筑的地位便一目了然。清代人姚承祖所著的《营造法原》是一部记载江南地区建筑形式及做法的专著，其中就画有甘蔗脊、雌毛脊、纹头脊、哺鸡脊等多种屋脊的样子。纹头脊、雌毛脊大多用于普通建筑上，它们的脊端翘起，中部微微凹陷，看上去简洁而优雅。哺龙脊多用于寺庙建筑的厅堂，往往是在筑脊的两端，头向外，很是好看。龙吻脊是殿庭正脊，两端有龙形的装饰，是各式屋脊中地位最高的，大多用于寺庙主殿以及官府等建筑上，看上去神秘又威严。

铺陈

瓦片，是为了给建筑遮挡风雨而存在的，只有密密匝匝地铺在屋顶上才能阻隔雨水。

简瓦屋顶：板瓦仰面，有弧度的一面朝下，从屋檐至屋脊成直行铺设，两行之间留出一些空隙，再用筒瓦压在两行板瓦之间的空隙上。

合瓦屋顶：这种铺法没用到筒瓦，全部由板瓦完成。一行板瓦弧面朝上，另一行相同的板瓦弧面朝下，如此交错着铺满屋顶。

干搓瓦屋顶：板瓦仰面铺设，但是行与行之间不留空隙，并且使用泥浆把两行板瓦之间的接缝填实，这样就不会漏水了。此顶做法简单，防水性也好，适用于干燥少雨的北方。

瓦钉：瓦片的重量有时不足以抵御大风，为了防止瓦片被刮飞，在屋顶关键位置的瓦片上还需要用瓦钉来固定。成千上万的瓦片、瓦钉有规律地排列起来，形成阵列，蔚为壮观。

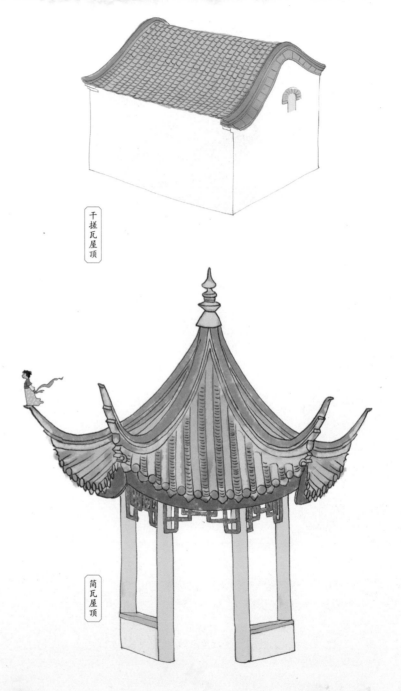

干搓瓦屋顶

合瓦屋顶

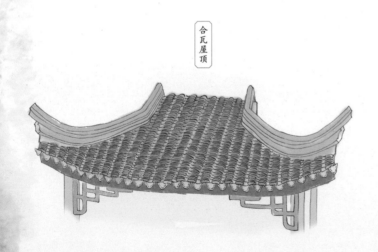

简瓦屋顶

你好园林，神奇的院子

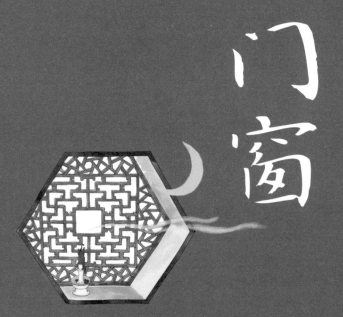

门窗

门

汉代陶楼

门外绿阴千顷
两两黄鹂相应
❀

门

户

聪明的小读者，你还记得前面讲的大木作吗？你能叫出几个大木作小组成员的名字？那与之对应的小木作小组又有哪些主要成员呢？咱们一起来认识一下吧。

首先介绍的这两兄弟你肯定再熟悉不过，弟弟是"窗"，哥哥当然是"门"啦。

门，为出入而设；窗，为采光、通风而生。即便是住在山洞里，我们的祖先也极力寻找合适的洞口为住所通风换气，采光取亮。

五千多年前，有了城市，建筑条件变好了，门窗也随之讲究起样式来：双扇的是"门"，单扇的叫"户"。

如果你喜欢阳光，喜欢坐在大大的落地窗前看风景，那汉朝的房子真适合你，因为在汉朝那会儿，我们的祖先就已经在两根柱子中间开出了亮堂的落地窗！追求生活品质的古人还在大大的落地窗上安装起各种形状的窗棂，有竖条的，也有十字交叉、正方格、斜方格的……

唐朝的窗户，流行简洁的竖条款式，我们熟悉的"门钉"在那会儿也逐渐普及。极具"唐风"的卷草纹装饰着建筑的局部，搭配层层叠叠的斗拱和宽大舒展的屋檐，整栋建筑像极了披红挂彩而内心沉稳、杀伐果断的大将军。

到了宋代，朝廷颁布了一部"建筑行业施工标准手册"——《营造法式》，其中的"小木作制度"里列举了版门、乌头门、软门、格子门、破子棂窗、板棂窗……这些门窗样式在之后的一千年里一直被沿用着。

敦煌壁画中的唐代建筑

门板也是戏台

园林里的门除了具备遮风挡雨和进出等基本功能外,也非常具有审美价值,因为它们都"很有文化"。好奇的小读者,你是不是要问:"小小的门窗,哪里有文化啦?"

你来看:读书人家的门板上常雕刻着诗词书画;信佛人家的门板上会刻有妙莲、宝瓶、弥勒佛等佛教的相关图案;经商人家的门板上是花开富贵、福在眼前(钱)……如此,从门板上你就可以大致判断出这家人的家世、喜好或者职业。不过有一类内容是不论官员、商贾还是平头百姓都特别喜爱的,那就是戏曲和传说故事。

留园里有一处建筑叫"林泉耆硕之馆",它的门板就给我们讲了个人物故事——舜耕历山,雷泽捕鱼。舜,智商超群,精通各种技艺,在百姓中很有威望。他在历山耕种时,历山的人纷纷把最方便灌溉的河畔耕田让给他;他在雷泽捕鱼时,雷泽的人都邀请他住下来;他在河滨制陶时,但凡是那里出产的陶器品质都是响当当的。凭着他的超级才能和人格魅力,他居住的地方,一年人们就聚集起来,两年就变成了小镇,三年就变成了城市。最高统治者尧得知舜的贤能以后很高兴,赐予他当时顶级的衣服——绨(chī)衣,又赐给他名贵乐器——琴,还为他修筑粮仓,赐予他成群的牛羊。

让门板讲故事,为的是警示自己、教育后人,这则故事中的深意你可明白?

史记·十二本纪·五帝本纪（节选）

[西汉]司马迁

舜耕历山，历山之人皆让畔；渔雷泽，雷泽之人皆让居；陶河滨，河滨器皆不苦窳。一年而所居成聚，二年成邑，三年成都。尧乃赐舜絺衣，与琴，为筑仓廩，予牛羊。

门板是戏台也是一幅幅画儿，那怎么能少了花卉？

"梅兰竹菊"这"四君子"可是书香门第必备的样式。梅高洁傲岸，兰幽雅空灵，竹虚心直节，菊冷艳清贞，最受文人喜爱。

雅致的插花，供在厅堂里让人神清气爽，雕刻在留园的门板上使人见之心情舒畅。你看这两个童子站在寿山石做的凳子上，双手举着承接露水的圆盘，一人身后有一幅双鹤翱翔图，卷轴后那大大的宝瓶中插的是绣球花。它的名字叫"富贵登顶"。

这幅画中，江南人喜爱的"大阿福"坐在太湖石凳上，前面放着两串葡萄，一只馋嘴的松鼠正在打它们的主意；旁边，假山石上的树枝繁叶茂；身后，瓶里插着竹子，方形花盆里种着万年青。这么多的东西让门板不再只是一块"白板"而是成了"画板"，这幅画元素丰富，寓意为"福寿多子"。

细心的小读者，请你找找看留园里"会唱戏的门板"都在哪里吧。

门簪

你抬头看，门框上面有几根伸出来的木柱，古人看它好似妇人头上的发簪，便叫它"门簪"。门簪早在汉朝就已经出现了。它的作用是锁合门框上头的中槛和连楹两部分。在等级比较高的门上通常有四个门簪，等级比较低的门上一般有两个门簪。

既然是门面上最突出的组件，门簪必须做得极讲究。如果主人喜欢简洁素雅，那门簪只用做成圆形、方形、菱形、六角形、八角形，或者在它们的基础上让边线凹下去变成六角或者八角星形，让边线鼓起来变成六瓣或者八瓣花朵形；还可以在上面写几个字，比如"吉、祥、如、意""福、寿""平、安"。如果主人注重细节，便会请人在上面雕刻、描画花纹，有梅、兰、竹、菊，有牡丹、如意，也有麒麟送子、天官赐福……

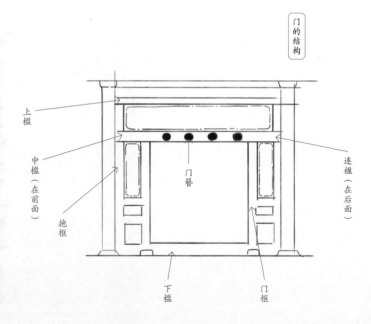

门簪

门的结构

上槛

中槛（在前面）

抱框

连楹（在后面）

门簪

门框

下槛

格扇门

格扇门，在宋代也称格子门，所以门上必定是有格子的。

它在宫殿殿堂、寺庙大殿上用得最多，像排队一样连成一片，规模很大。格扇门分为上下两部分。上部分是格心，下部分是裙板。格心用木条组成格网，再糊上纸或者绸绢，以便于采光。

格扇门大多数是四扇或者六扇这样的双数，单扇的很少。由于格扇之间缝隙多，所以保暖性差，要解决这个问题就得在外面装一个帘架。冬天挂棉布门帘，抵挡寒风；夏天挂竹帘，清爽透风，防蚊虫。

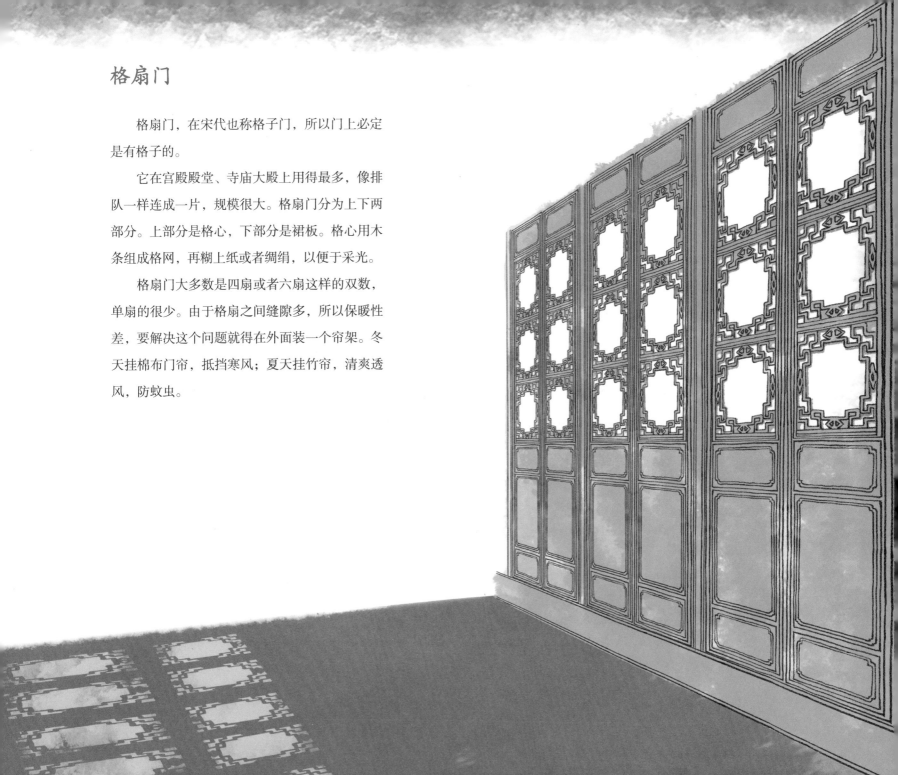

窗

阴满中庭

窗前谁种芭蕉树

在窗前，你爱做什么？看着天空浮想联翩，还是望着行人发呆？

当我们待在屋里哪儿也去不了的时候，思绪却可以从窗口飞出去，漂洋过海，甚至穿越时空。所以，那些深夜于窗边写就的诗词，往往更加意味深长。

宋代诗人苏轼有一首词，是怀念已经去世的妻子的。他在梦中回到家乡，看到在小屋窗口，妻子正在梳妆打扮，心中十分感慨，于是便有了这首词。

江城子·乙卯正月二十日夜记梦

[宋] 苏轼

十年生死两茫茫，不思量，自难忘。千里孤坟，无处话凄凉。纵使相逢应不识，尘满面，鬓如霜。

夜来幽梦忽还乡，小轩窗，正梳妆。相顾无言，惟有泪千行。料得年年肠断处，明月夜，短松冈。

棂窗

　　这样竖条形的都是棂窗小组成员，竖条正身站立的是直棂窗，一根方棂条破成两根三角形棂条的是破子棂窗，这个上中下都穿插了横条的窗子名字最有英气，叫"一马三箭直棂窗"。

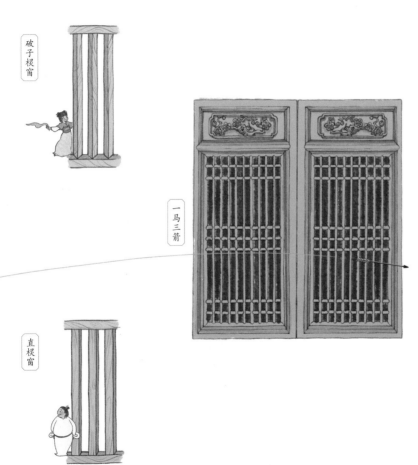

破子棂窗

一马三箭

直棂窗

支摘窗

支摘窗

　　支摘窗，能支又能摘。它一般分为上下两段，上半部分可以用根小棍儿支起来，下半部分能摘下来。

夜雨寄北

[唐]李商隐

君问归期未有期，巴山夜雨涨秋池。

何当共剪西窗烛，却话巴山夜雨时。

槛窗

　　槛窗安装在两根立柱之间的槛墙上，一般跟格扇门搭配使用。这是因为槛墙的高度与格扇门的裙板相当，所以槛窗正好与格扇的上部一边儿高，样子也一样，搭配起来，非常统一、整齐。正因为如此，槛窗也被称为"格扇窗"。

　　有的槛窗上会多安一副窗框，框内有木棂格，在上面安上薄纱，夏天的时候把槛窗打开，既能通风又能防止蚊蝇飞进屋来，一举两得。这样的纱窗你是不是特别熟悉呢？

　　横披窗也是一种槛窗，但它是个真正的"假窗户"，说它"假"是因为这家伙只能用来采光，不能打开。如果房间太高或者太宽时，就会在槛窗的上下或者两侧安装这种横披窗。

你好园林，神奇的院子

建筑类型

亭

　　你一定见过亭子，在山脚下、水池边或者家门口的小公园里。亭子是一种身姿优美的建筑，既是人们歇脚的去处，又是可供观赏的景点，与山水相映成趣，更别有一番风味。

　　亭子的样式非常多，常见的有六角亭、八角亭、四角亭，还有三角亭、圆亭、扇形亭、十字亭、梅花亭等。这些亭子造型别致，能显出园林主人的品味不俗。

　　以顶的形状给亭命名是最直观的方式，还有以建造目的来给亭命名的，比如，人们为保护石碑而建造的亭就叫碑亭，为保护水井而建造的亭就叫井亭。此外，还有以建造位置来给亭命名的，比如在桥上建造的亭就叫桥亭，在路边建造的亭就叫路亭。

亭——停

你知道最早人们为什么建造亭子吗？

古代交通十分不便，出门骑马或乘坐骡马大车是富贵人家才能享受到的奢侈事儿，老百姓出门赶集、走亲访友都是靠双腿步行，人们肩挑货担、手推小车，赶起路来十分辛苦，一般步行一小时也就能走十里地。为了便于休息，人们就在乡间的小路旁建造了亭子。秦汉时，每十里设置一长亭，以后又演变出每五里一短亭，正好能让乡民半小时或者一小时休息一次。有的地方在亭中还备有茶水、草鞋，甚至有炉灶和柴火以供出远门的人做饭用，是不是非常人性化？

南乡子·登京口北固亭有怀

[宋] 辛弃疾

何处望神州？满眼风光北固楼。
千古兴亡多少事？悠悠。
不尽长江滚滚流。
年少万兜鍪，坐断东南战未休。
天下英雄谁敌手？曹刘。
生子当如孙仲谋。

亭中送别

亭是古人送别亲人和朋友的场所，就像我们今天的车站。"亭"字也因此常常出现在与送别相关的诗歌里：

谢公亭

[唐] 李白

谢亭离别处，风景每生愁。
客散青天月，山空碧水流。
池花春映日，窗竹夜鸣秋。
今古一相接，长歌怀旧游。

这首诗是李白在游宣城时所作。诗中提到的谢公亭是为纪念谢朓所建，谢朓当年任宣城太守时，曾在这里送别诗人范云。李白游历至此，想起古人，有感而发。

治大国需用小亭

　　小小的"亭"，不但是文人墨客笔下的美景，还是治理国家的重要行政设置。东汉前，政府设亭以管理市井街道、田间地头，最实际、最具体的民众事务，其时的亭很像今天的社区派出所。

至乐亭

舒啸亭

　　汉代的超级大城市——洛阳，就有二十四条主要街道，每街一亭；十二城门，每门一亭。每亭设亭长，主要负责治安警卫，同时还兼管在城中停留的旅客。换句话说，就是协助国家管理流动人口，同时还要处理平日里老百姓之间的纠纷。

　　乡村则十里设一亭，十亭设一乡，亭长由政府从十里八村服满兵役的人中挑选出来。你可别小看亭长，汉高祖刘邦就是从亭长开始成就其事业的哟！

廊

　　廊，是由古代房屋的檐下部分——庑（wǔ）发展而成，"庑出一步"就是廊。这样看，廊最初的作用只是遮挡风雨与阳光。园林中的廊把分散的建筑连接起来，像导游一样引导着人们在建筑与花草树木间穿梭，观赏风景。

　　你可以说"廊"是一条带屋顶的路，它蜿蜒在园林里，带你上上下下自由地欣赏风景。山丘上有"爬山廊"；池岸边有"水廊"；跨越水面而建的是"桥廊"；两边都没有墙的叫"双面空廊"；一边有墙另一边能看到风景的叫"单面空廊"；将墙建在中间，人从两边走的叫"复廊"；上下两层的叫"楼廊"；围绕着建筑，在庭院中回环曲折的叫"回廊"；飞架在楼阁之间的叫"飞廊"；沿着四合院建筑环抱一圈的叫"抄手游廊"。留园有条爬山廊；拙政园有条横在水面上的波形廊；沧浪亭有条复廊，一堵墙把廊隔成内、外两半，两边风景各不相同。人们沿着曲曲折折的廊慢慢行走，"一步一景，景随步移"，很是悦目。

廊餐

在廊下吃的……难道是……烧烤？

廊餐其实是古代公务员的工作早餐，至少在五代时就有了。

古代，朝廷高级官员上班也很辛苦，每天天不亮就得去皇宫里打卡，很多官员来不及吃早饭，只能饿着肚子去见皇帝。

明代陈继儒在《辟寒》一书中就曾提到过，唐代的宰相刘晏有一次在上早朝的路上看到一处卖饼的铺子，因为天气实在太冷，便忍不住买了一个饼，用袍袖裹着，在朝堂上偷吃。谁知道这事儿被皇帝发现了，但是皇帝不但没责罚他，反而在退朝后很体恤地给官员们提供了工作早餐。

皇帝赐予的早餐要在朝堂外廊食用，被称作"廊餐"，也叫"廊食"。

虽然大家都在一起吃早饭，但是不同等级的官员吃的食物是不一样的。品级不同，享受的待遇自然也就不一样。所以，即便是小小的廊餐，也有严格的等级区分哦！

有文化的廊

许多诗人都曾为廊作诗，以记录发生在廊下的故事和当时的心情。

宋代诗人蔡伸曾被月下的回廊打动，为此写了一首优美的《浣溪沙》：

萍末风轻入夜凉。飞桥画阁跨方塘。月移花影上回廊。

粲枕随钗云鬓乱，红绵扑粉玉肌香。起来携手看鸳鸯。

苏轼在小院的回廊里欣赏海棠，写道：

东风袅袅泛崇光，香雾空蒙月转廊。
只恐夜深花睡去，故烧高烛照红妆。

不管是月夜之中可爱的回廊，还是春日小院里寂静的回廊，人们在其中嬉戏、散步、深思，都是享受啊！

长翅膀的房子

榭、舫

榭和舫都是为观景而生的建筑，它们样式随意自在，不像厅堂那样正式，可以跟廊、台组合在一起。虽然都临水而建，但它们很不一样，榭更像房屋，而舫则是一艘系在岸边的大船，它三面临水，一面与陆地相连。舫同真船几乎一样，分为船头、中舱、尾舱三部分。船头敞篷，最适合观赏风景。中舱是休息、宴会场所，舱两侧有窗，即便坐着休息，也可以欣赏窗外的美景。后部尾舱最高，四面都有窗户，方便人们远眺。在舫上既能享受习习凉风，又不会像在船上那样晃晃悠悠而昏头昏脑，夏天在舫中开水景宴最合适不过。在舫、榭中观赏水景，诗意便油然而生，成就了许多佳句名篇。

斗草聚　双双游女 ❀

近绿水　台榭映秋千

舫

　　苏州拙政园里有一艘舫，样子别致，名字也好听，叫"香洲"。

　　"香洲"造型轻巧，三面伸入水中。舫的前舱高悬着明代吴中才子文徵明手书"香洲"横额。中舱安置了一面很大的镜子，对岸倚玉轩一带景物都被收进舱里，坐在一处能赏两处风景。

虞美人·深深庭院清明过

[宋] 苏轼

深深庭院清明过。
桃李初红破。
柳丝搭在玉阑干。
帘外潇潇微雨、做轻寒。

晚晴台榭增明媚。
已拼花前醉。
更阑人静月侵廊。
独自行来行去、好思量。

榭

　　在池畔的水面上高高架起一方平台，一半在岸上，一半伸入水中，在平台上盖起小小一间榭。"榭"是"木"字旁，最初指的是建在高台上的木头房子，后因大部分都是临水而建，所以常被称为"水榭"。

厅堂

当你自诩可以扮演多重角色时，是不是会说"我上得厅堂，下得厨房"？现在的厅堂大多是指客厅，也就是待人接客的场所。那么，古代的厅与堂是什么样的呢？今天人们习惯把"厅、堂"二字联用，但是你们知道吗，在古代，"厅"与"堂"还是有很大区别的。

厅

厅的发音和"听"字是一样的，这可不是一个巧合哦。在古代，处理政事叫"聽（听）事"，官府办公的地方也叫"聽事"。魏晋以后，才给"聽"字加上了"屋顶"——"广"字头，成了"廳"。厅也就成了见客、宴会、行礼以及谈事情的场所。

留园里的五峰仙馆宽敞明亮，是园主举办宴会、会见宾客的地方。它的名字来源于李白的诗句"庐山东南五老峰，青天削出金芙蓉"。这儿不但是留园最大的厅，还是"江南第一厅堂"。它有五开间，九架屋；因为梁和柱用的全是珍稀的楠木，故又叫"楠木厅"。楠木只生长于四川和云南海拔一千至一千五百米的峡谷与河流边，一根适合做梁柱的楠木至少经历了上百年的艰难生长，这木材极重、极硬，运输和加工都非常困难，所以即便在帝王家也算得上是"奢侈品"啦。

只可惜，抗日战争期间，五峰仙馆沦为马棚，饥饿的军马把这些名贵的楠木柱子啃得乱七八糟，让人好不心疼！

留园里的"林泉耆硕之馆"是一个非常特别的厅，俗称"鸳鸯厅"。它特别在哪儿呢？它是在一栋建筑里采用了两种建造方式，一边梁架用的是简洁的圆柱木材，一边梁架用的是带雕刻的扁方形木材。站在屋里抬头一看会觉奇怪："呦，这一栋房子怎么有两个屋顶？"但实际上，这两个屋顶上还戴着同一顶大帽子呢。

现在，请小读者们猜猜看，为什么要把房子一分为二呢？

原来南面的房间阳光充足，温暖些，适合冬天居住；北面的房间阴凉，适合夏季使用。这样相互对比又相连相伴的两个房间，古人形容它们像一对鸳鸯。

堂

堂指的是朝阳的敞亮大房子，一般是用来宴请、会见宾客的场所，"堂"的等级制度划分可是非常严格的。《礼记》中记载："天子之堂九尺，诸侯七尺，大夫五尺，士三尺。"你看，不同等级所用的堂的大小也是不同的。

成语中的建筑——堂

"堂"始终给人端正气派、很威严的感觉，比如"堂堂正正""仪表堂堂""堂堂之阵"。《孙子兵法》说"勿击堂堂之阵"，一支队形严整、实力雄厚，连军旗都整整齐齐的军队，你怎么能轻易打败呢？

"堂"是等级极高的建筑，所以上堂必然是隆重、正式至极，可不能随随便便，比如"不登大雅之堂""堂而皇之""登堂入室""堂上一呼，阶下百诺"。有资格到堂上的人也都是绝对的精英，所谓"济济一堂""荟萃一堂""金玉满堂"。

楼、阁

春山暖日和风
阑干楼阁帘栊 ❀

住在城市里的孩子对楼阁再熟悉不过，但是在古代建筑中，楼与阁是有区别的哟。楼是指"重（chóng）屋"，阁是四敞的重屋。发展到后来，这种界限就模糊了，顶多就是在命名上有区别，整体的建筑都用"楼阁"来称呼。

取名

诗意栖居 ❀

你叫李依，他叫王艾，我叫张珊……亲爱的小读者，你的名字叫什么？

人人都有名字，建筑也有名字，而且比人名更优雅精巧、心思独到呢！中国人非常重视给建筑取名，认为这是建筑的"面目"，就是脸面，而且为了让每个人都能看到，就把名字写在匾额上，将其高高地悬挂起来。

下面让我们来看看一些名字奇妙的园林建筑吧！

涵碧山房

留园里有一处种满荷花的水池，每到闷热的盛夏，在紧邻水池的房子里观荷，凉风习习，清香阵阵，很是解暑。一天，园主在荷花厅里阅读宋代哲学家朱熹的书时看到一句"一水方涵碧，千林已变红"，顿时觉得"涵碧"二字恰好正应眼前的景色，再看看，这厅里几乎没有装修，南北两面不设墙，朴素无华，正适合修身养性，这不恰恰就是个隐居的"山房"吗？于是便有了"涵碧山房"这个雅致的名字。

与周子充侍郎同宿石湖
[宋]范成大

幽香馥蕙帐，清梦安且吉。
萝月堕苍茫，松风隐萧瑟。
晓禽啄且鸣，唤我起盥栉。
钩窗纳云涛，灩灩浴初日。
金钲忽腾上，倒景落书帙。
佳晴有新课，晒种催艺秫。
从今不得闲，东皋草过膝。

佳晴喜雨快雪之亭

细心的小读者，你在留园里游玩时，一定发现了园中有一个建筑的名字非常长，那就是"佳晴喜雨快雪之亭"。这个特殊的名字原来是多个诗文碑帖里的妙语合集。

"佳晴"取自宋代诗人范成大《与周子充侍郎同宿石湖》中的诗句"佳晴有新课，晒种催艺秫"。

"喜雨"是及时雨的意思，取自儒家经典《春秋谷梁传·僖公三年》中的"喜雨者，有志乎民者也"。在庄稼需要雨水滋润的时候，下了一场及时雨，百姓们都十分高兴，这当然就是一场喜雨啊。"快雪"取自晋代书法家王羲之的《快雪时晴帖》。

"佳晴""喜雨""快雪"令人心情愉快，也是对园中景色的描绘，一年四季园中的景色都十分美好，无论是天晴还是雨雪都值得观赏。

结束语

　　中国园林既有山水风月之美，又是"洗心涤性"的重要生活境域。因此，庭院雅趣，成为一种美好的追求。

　　园林是在咫尺之内，再造乾坤，丰简自便，即便是"容身小屋及肩墙"，依然可以在其中"窗临水曲琴书润，人读花间字句香"。

曹林娣

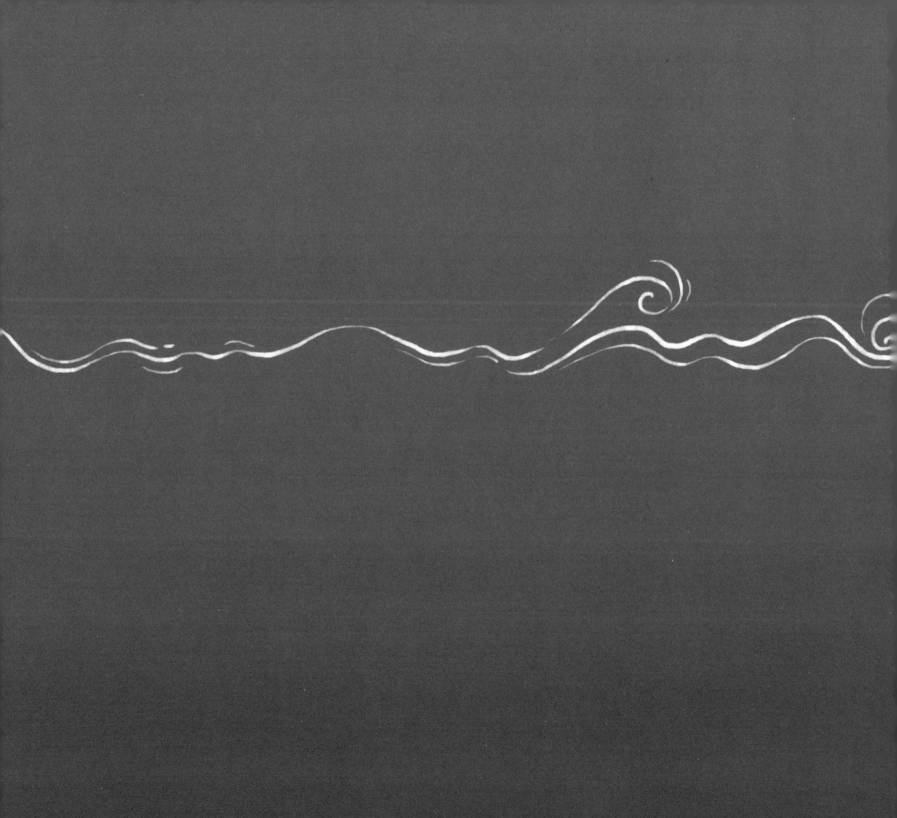